KEXUE ANIMAL CITY
AMAZING ANIMAL NEIGHBORS

嗑学动物城
了不起的动物邻居

嗑叔 著　如意 绘

民主与建设出版社
·北京·

前言

非洲大陆是野生动物的天堂，而这个天堂里最广阔的地方就是一望无际的热带稀树草原。我们用草原旱季的土棕色设计了非洲大陆居民的身份证，故事也将从这片大草原说起！

在草原某个不为人知的灌木丛里，生活着非洲最有名的道路建筑工——象鼩。

他们会和非洲大象、屎壳郎发生一段怎样的恩怨情仇？

在草原的另一个角落，平均身高6米的长颈鹿为什么不敢趴在地上睡觉？

作为陆地上最高的哺乳动物，他们都有哪些难言之隐？

在赤道雪山乞力马扎罗的脚下，河马因为某种瘟疫集体四脚朝天。战斗力无敌、人人畏惧的河马，为什么陷入了生存的绝境？

……

注意，非洲大陆的有些动物居民脾气暴躁，建议大家拿好望远镜保持距离。

和嗑叔一起感受来自非洲的多彩神奇、原始野性吧！

嗑叔

阅读指南

在开始阅读之前，我们可以通过“身份证”
了解动物居民的基本情况：

1

姓名

包括中英文2种，有些动物名字很多，一般采用最常用的一个。

2

证件照

这是他们自己最喜欢的个人照片，每位居民都拥有自己独特的穿衣品味。

3

冷知识

这是关于他们的一些有趣的知识，认真阅读，有助于理解后面的内容。

民族

这是他们的基本生物学分类，一般采用“目－科－属”三个层级。

家庭住址

这是他们主要分布的区域（他们也有可能因为迁徙、物种入侵等存在于其他大陆）。

最爱吃的食物

这里是他们最喜欢吃的几种食物，基本不需要任何烹饪加工。

睡觉的地方

他们虽然不在床上睡觉，但也需要寻找一个隐蔽安全的角落休息。

个人爱好

看看他们的爱好和你有什么不一样吧！

人生格言

动物也有自己的原则和梦想！这和他们的生存方式有关。

阅读指南

注意：本书适合5岁以上的小朋友，以及认为自己还是个小朋友的大朋友们阅读！

5

小故事

我们设计了精美的插图，帮助大家更好地理解正文中的内容。

6

注释

这是对本页插图的介绍，你可以用自己的方式介绍给身边的朋友吗？

7 正文

这本书的文案追求简洁通俗、朗朗上口，欢迎大小朋友们一起大声朗读。

狐獴要想成为一个合格的“哨兵丁满”，需要满足几个要求：首先身板要足够硬，用尾巴作为支撑，踮起脚尖就可以离天空更近；其次眼圈要够大够黑，因为哨兵必须直视火辣辣的太阳，黑眼圈如同墨镜一样，可以吸收太阳的光线，防止紫外线反射进眼睛，还可以提防老鹰逆光搞偷袭；最后发音必须标准，来的是狼还是猫，敌方距离我方还有多近，都必须匹配不同的警报声。他们可以清楚地发出 12 种不同的声音，这样逃命时才能步调一致、路线清晰。所以，学好普通话，跑遍天下都不怕。

作为一个哨兵，丁满要面对更大的压力，别人在打游戏时他必须绷紧神经。他往往是最后一个跑进防空洞的人，因公殉职那都是常有的事。他是团队里最靠谱的人，那些晚上睡不着、白天睡不醒的家伙绝对没有机会成为哨兵；他是全村人的希望、孩子们的榜样，小丁满从小的梦想就是接过前辈的枪，成为一名不打瞌睡的哨兵。因为安定的生活来之不易，有人在高处站直了，其他人才有机会在家里躺平。

8 二维码

在每一篇的结尾都有一个“二维码”，眼见为实，欢迎大家扫码观看。（需下载抖音app，长按屏幕上的图标并选择“扫一扫”）

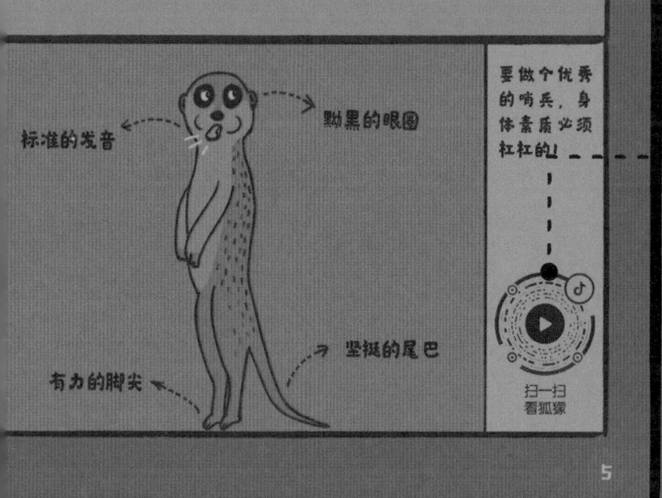

你觉得这位居民的故事有趣吗？快点儿分享给身边的人吧！

AFRICAN ANIMAL

非洲大陆居民

HIGH
JUMP

友情提示:

1. 请勿私自投喂;
2. 请带好身边的爸爸妈妈;
3. 请不要把他们带回家（可以扫码加关注）;
4. 请勿偷吃他们的食物（避免消化不良）!

African Community
非洲社区

哨兵丁满

非洲大陆居民卡
African Animal ID Card

狐獴
Meerkat

民族：食肉目－獴科－狐獴属
家庭住址：南非卡拉哈里沙漠
最爱吃的食物：昆虫、蝎子等
睡觉的地点：洞穴
个人爱好：放哨
座右铭：保家卫国，义不容辞！

他是动画片《狮子王》里乐观可爱的丁满的原型，口头禅是"哈库拉玛塔塔"。

他起床后的头等大事就是晒太阳。

他直立时尾巴会分担重量，形成稳定的三角结构。

TRIVIA 关于他的冷知识

站在巨人的肩膀上，只为看到更远的风景！

狐獴是非洲保安队队长，动物圈里称职的哨兵。他们会选择那些高个子人类当作哨所，爬上他们的脑袋四处张望。站在巨人的肩膀上不是为了显得自己很了不起，可以把“恐怖直立猿”踩在脚底，而是为了守护自己的族群。一个狐獴家族由几十个成员组成，他们的体形很小，经常被其他动物攻击，每次出洞觅食时都必须有一个哨兵守在高处，确保强盗来袭时有人提醒，正所谓“你站在我脑袋上看风景，放哨的人在我脑袋上看你”。

狐獴要想成为一个合格的“哨兵丁满”，需要满足几个要求：首先身板要足够硬，用尾巴作为支撑，踮起脚尖就可以离天空更近；其次眼圈要够大够黑，因为哨兵必须直视火辣辣的太阳，黑眼圈如同墨镜一样，可以吸收太阳的光线，防止紫外线反射进眼睛，还可以提防老鹰逆光搞偷袭；最后发音必须标准，来的是狼还是猫，敌方距离我方还有多近，都必须匹配不同的警报声。他们可以清楚地发出 12 种不同的声音，这样逃命时才能步调一致、路线清晰。所以，学好普通话，跑遍天下都不怕。

作为一个哨兵，丁满要面对更大的压力，别人在打游戏时他必须绷紧神经。他往往是最后一个跑进防空洞的人，因公殉职那都是常有的事。他是团队里最靠谱的人，那些晚上睡不着、白天睡不醒的家伙绝对没有机会成为哨兵；他是全村人的希望、孩子们的榜样，小丁满从小的梦想就是接过前辈的枪，成为一名不打瞌睡的哨兵。因为安定的生活来之不易，有人在高处站直了，其他人才有机会在家里躺平。

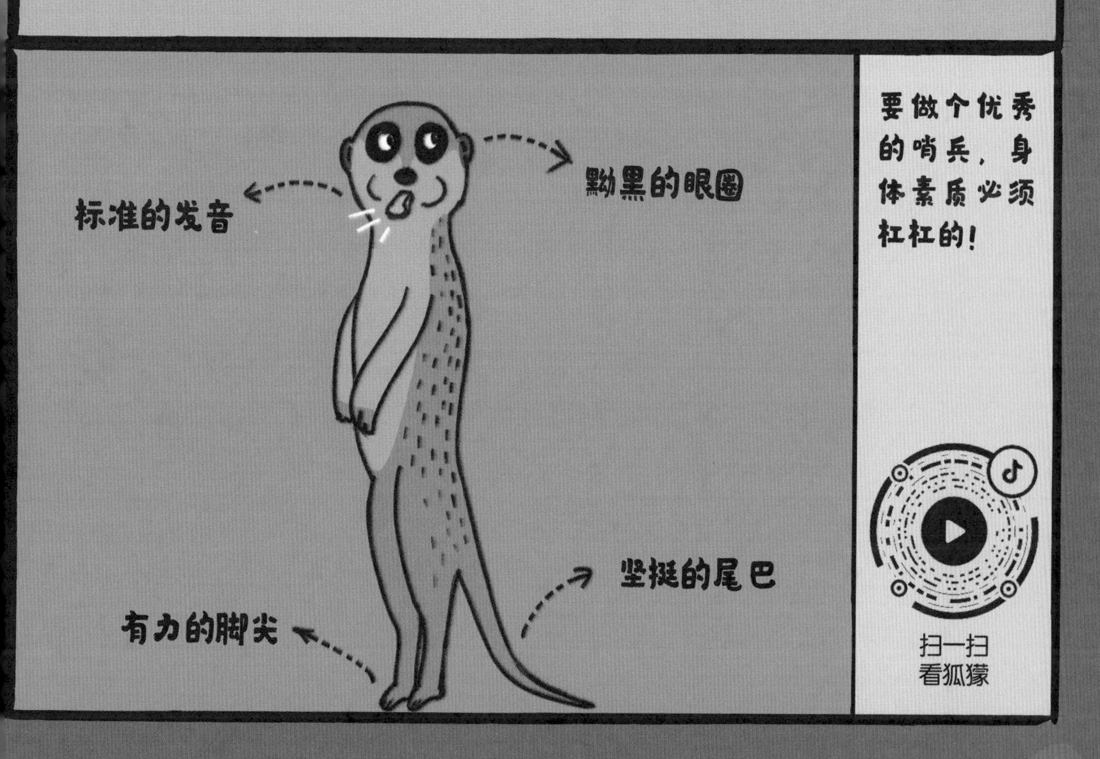

象鼩也是处女座？

非洲大陆居民卡

African Animal ID Card

象鼩

Elephant shrew

民族：象鼩目 - 象鼩科 - 象鼩属

家庭住址：非洲草原、森林和多岩石地区

最爱吃的食物：昆虫

睡觉的地点：地下巢穴

个人爱好：扫大街

座右铭：要想富，先修路！

TRIVIA 关于他的冷知识

虽然他长得像鼩鼱，但是他的血缘关系更接近大象。

他长着类似于大象的长鼻子，用来寻找灌木丛中的昆虫。

他动作敏捷，是世界上跑得最快的小型动物之一。

高速公路不仅要修好，更要维护好！

象鼩（qú）不仅长着一条像大象一样柔软灵活的长鼻子，而且会修路。你一定不敢相信，这样一条复杂的高速公路是由小小的象鼩一手设计制造的：笔直的中央大道，顺畅的转弯，合理的环岛和丁字路，甚至还有隧道。线路四通八达，功能也出乎人类的想象：当被捕食者追杀时，象鼩可以在这条路上玩命驰骋。由于地面平坦开阔，他们的奔跑速度可达 5 米每秒，按照身长和移动距离对比换算，类似于小汽车以 880 千米的时速在高速上狂奔；由于熟悉地形，他们一个急转弯，就可以把捕食者绕得迷失自我、晕头转向。

为了让生命之路畅通无阻，象鼩醒着的时候有一半时间都在扫马路，堪称动物中的“处女座”，绝对不允许路上有任何不干净的东西，也忍受不了地上的任何鸡毛蒜皮，比很多女生的卧室还干净。毕竟逃跑时被路上的垃圾绊倒，就容易酿成悲剧，那真是“道路千万条，安全第一条；扫地不认真，亲人两行泪”呀。

然而，再勤劳的象鼩，也害怕一个亲戚的到访，他就是象鼩的表哥——非洲大象。非洲大象每次都是拖家带口，三大姑四大姨不仅要把灌木丛吃个精光，而且四处挖土，弄得满地狼藉。这一幕让处女座的象鼩几乎要崩溃，要不是自己个头不够，真想上去拼命！这都不算啥，最可怕的是，大象吃完了还随地乱拉，按照象鼩 8 厘米的个头，一坨大象的粪便可以活埋 20 只象鼩，真是“人在家中坐，屎从天上来”“飞流直下三千尺，彗星连续撞地球”。不过，每当象鼩绝望的时候，附近的屎壳郎就会闻讯而来，众人拾柴火焰高，人多搬屎速度快。很快交通就恢复了，一切如常。看着干净的马路，象鼩也许会感叹：什么破亲戚，关键时刻远亲还是不如近邻呀！

大沙漠小可爱

非洲大陆居民卡

African Animal ID Card

耳廓狐

Fennec fox

民族：食肉目－犬科－狐属

家庭住址：北非沙漠

最爱吃的食物：小型啮齿动物、蜥蜴、鸟类、水果

睡觉的地点：洞穴

个人爱好：吃夜宵

座右铭：要想活得好，不能睡太早。

关于他的冷知识 TRIVIA

他是世界上最小的犬科动物，大小如小猫一般。

他是迪士尼动画《疯狂动物城》中尼克的原型。

他的大耳朵长达15厘米，耳朵和躯干的比例在食肉动物中首屈一指。

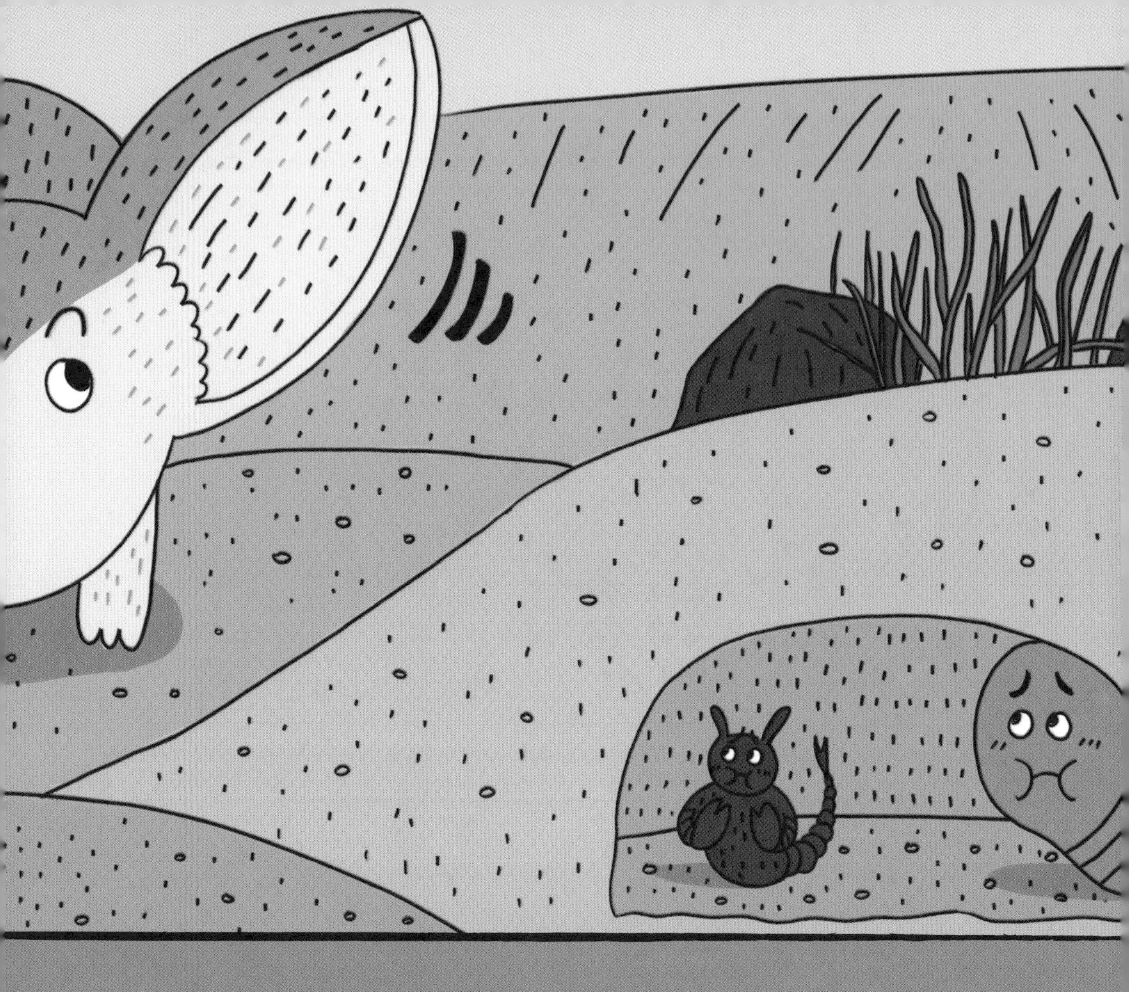

嘘，别出声，外面有个大耳朵在窃听！

耳廓狐是撒哈拉沙漠中最靓的仔。他顶着两只大耳朵，迈着四条小长腿，一路奔波，黄沙漫天，驰骋大漠，寻找沙漠里的毒蝎子，见一只干一只，干残了就当羊蝎子吃。他是来自阿尔及利亚的挖掘机，一分钟就可以挖出一个沙坑，号称撒哈拉沙漠的土行孙。他身手敏捷，能跑能跳。撒哈拉是沙漠，“撒呀纳啦”是再见，撒丫子跑便是耳廓狐。

为了在50多摄氏度的酷热天气里保存身体里的水分，耳廓狐从不流汗，靠着大耳朵里的毛细血管来散热。他的耳朵红彤彤，其实是在给身体降温。他基本不撒尿，身体的水分大多来自地下藏着的蜥蜴和小虫虫。为了找到这些深藏不露的小家伙，耳廓狐会竖起大耳朵，收集微弱的声波。他可以听到地下虫子的心跳，一挖一个准，吃完接着挖。他还上夜班，太阳落山后的撒哈拉，不仅蝎子老鼠满地爬，而且还有活蹦乱跳的癞蛤蟆。总之，早起的鸟儿有虫子吃，熬夜的狐狸有夜宵"恰"，要想活得好，不能睡太早。

耳廓狐是群居动物，他们三两成群，在沙丘下面打洞。这些洞穴有很多出口，通风又防暑，可供多达十个小可爱一起居住。为了获取水分，他们会用洞穴收集露珠，绝对不浪费一滴水。他们一起守入口，一起打地洞，还一起把脑袋叠在一块盖"金字塔"。所以，别说撒哈拉只有沙，这里还有可爱的他。因为活得够勤快，沙漠里也有小可爱。

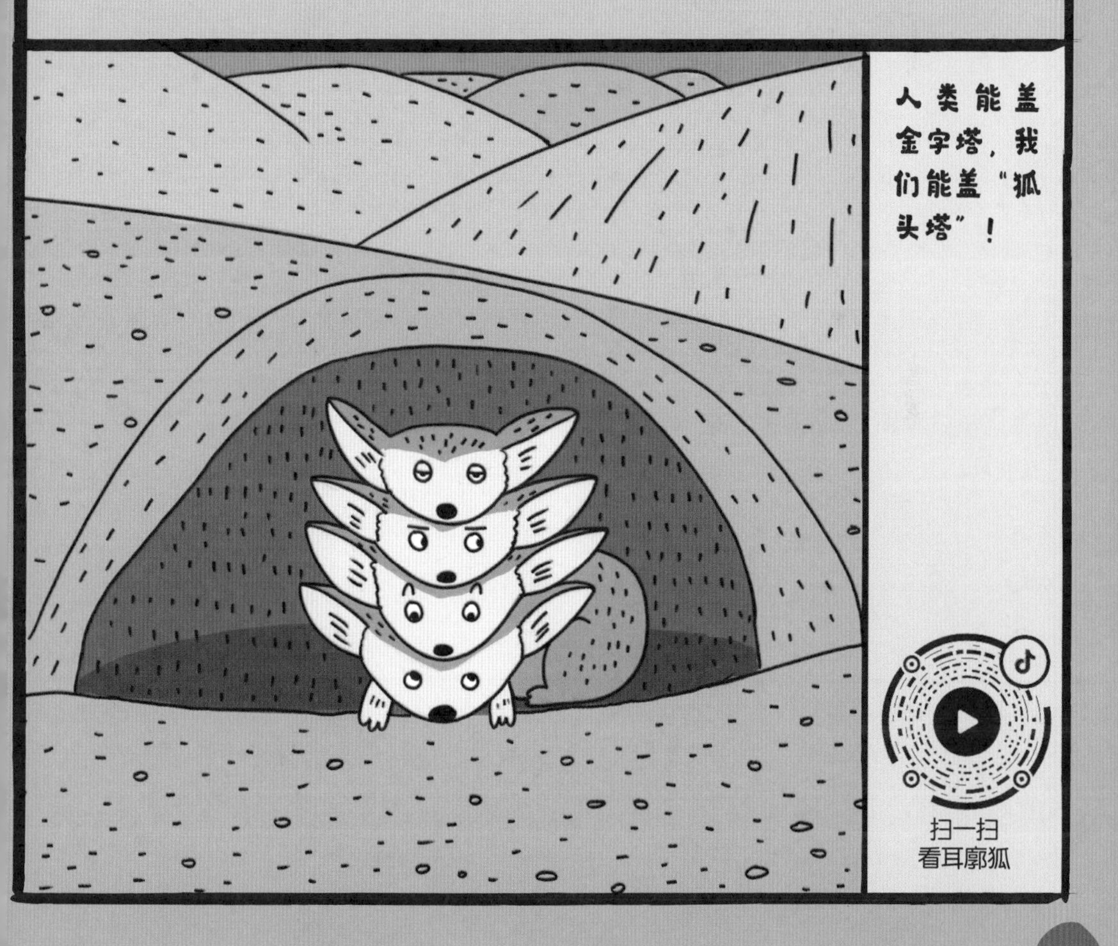

豪猪的刺

非洲大陆居民卡

African Animal ID Card

非洲冕豪猪

Crested porcupine

民族：啮齿目－豪猪科－豪猪属

家庭住址：意大利、北非、撒哈拉以南非洲

最爱吃的食物：树根、树芽、树皮、叶子等

睡觉的地点：洞穴

个人爱好：游泳

座右铭：曾梦想仗剑走天涯！

关于他的冷知识

TRIVIA

他是啮齿动物，喜欢收集动物骨头，堆在洞穴里，平时用来磨牙。

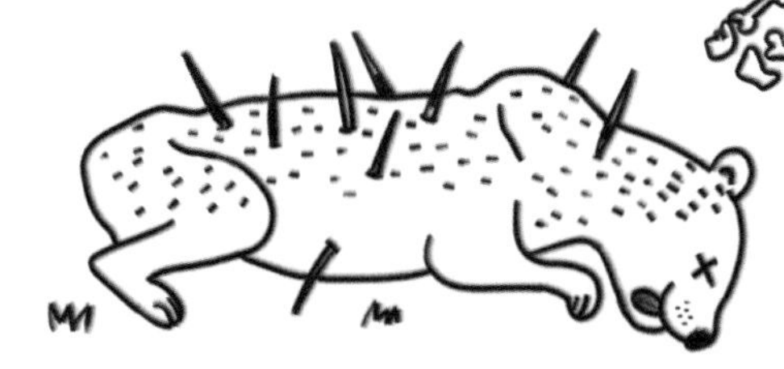

他身上的刺威力十足，曾经杀死过狮子和豹子。

他的刺是空心的，抖动和摩擦时可以发出"沙沙"的声音，声音和响尾蛇类似。

黑白利刺身上挂，走遍非洲我不怕!

非洲冕豪猪拥有一身炫酷而华丽的刺，遇到危险时，他们可以像孔雀开屏一样，竖起身上的刺，让自己看起来更加威猛。这些刺长短不一，刺尖非常锋利，堪比针头，所以和豪猪打架非常危险，轻则毁容，重则丧命。经常有愣头青去捕食豪猪，结果扎了一身的刺，变成了“生日蛋糕”。如果不是饿急了，一般的野兽根本不会想要去捕食非洲冕豪猪。

当然，非洲冕豪猪身上并不全是刺，很大一部分其实都是鬃毛。真正的硬刺只有500来根，这些刺都是中空的，里面是稀疏的角蛋白，相互摩擦时可以发出像响尾蛇一样的“沙沙”声。遇到危险的时候，豪猪不会马上炸刺，而是会抖动身体发出警告，还会用嘴巴喷气、用脚跺地，这就是在提醒对方：你不要过来，否则有你好果子吃！如果对方不听，继续攻击，那么豪猪就会发动长矛攻击。他们的刺可以从自己的身体上脱落，牢牢地扎入对方的皮肤，这就是所谓的“人不犯我，我不犯人；人若犯我，扎你一针”！

非洲冕豪猪唯一的弱点就是柔软的腹部，所以他睡觉时，会把带刺的屁股朝向洞口，严防死守，非常警惕。假如两只豪猪在一起，他们还会相互守住软肋，调整刺头一致对外，组成一个无懈可击的“仙人球”。没办法，在野兽横行的非洲大地想要活命，就得变成一个刺儿头啊。

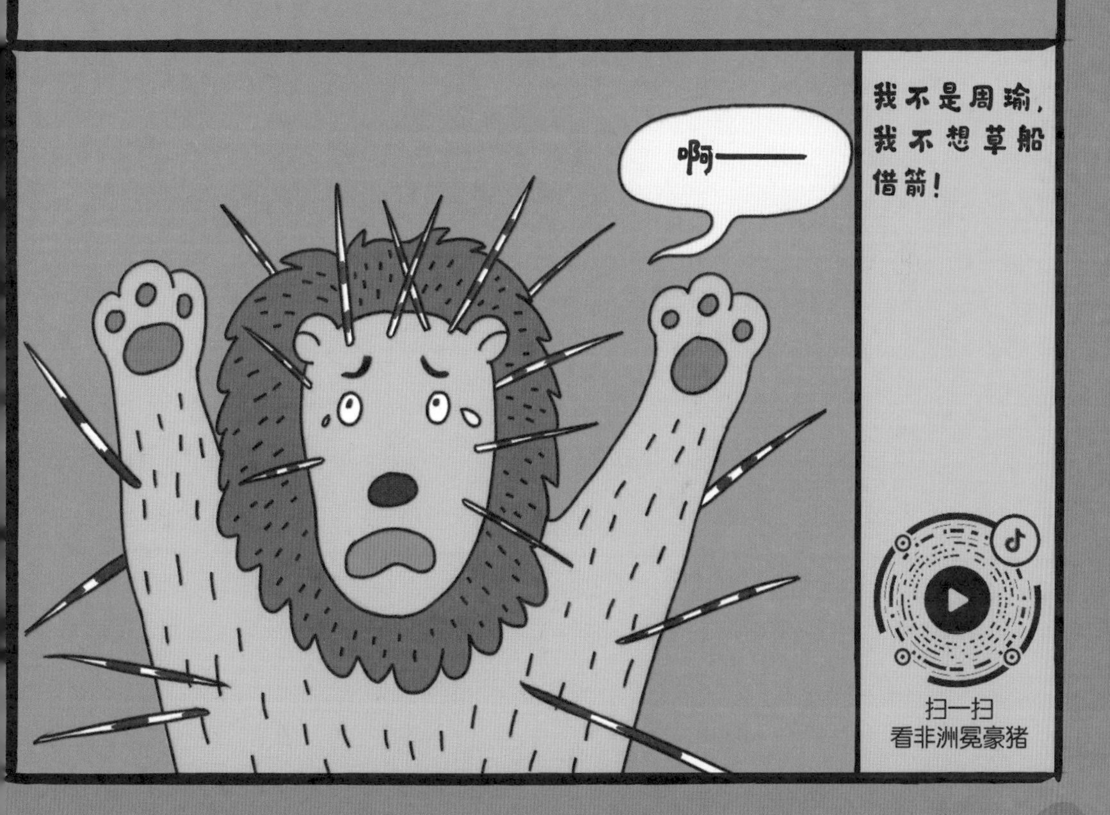

狮子谢顶

非洲大陆居民卡

African Animal ID Card

非洲狮

African lion

民族：食肉目-猫科-豹属

家庭住址：撒哈拉沙漠以南的热带草原

最爱吃的食物：野牛、羚羊、斑马、非洲水牛等

睡觉的地点：树荫下

个人爱好：睡大觉

座右铭：走遍非洲大地，发型唯我最帅！

关于他的冷知识

TRIVIA

他是所有大型猫科动物中最"懒"的，每天睡16～20小时。

在非洲语言斯瓦希里语中，狮子的名字是"simba"，这就是动画片《狮子王》中辛巴的名字来源。

他是世界上唯一一种雌雄两态的猫科动物，雄狮有鬃毛，而雌狮没有。

我一个非洲打猎的，居然也有程序员的烦恼！

俗话说得好，人到中年，一地鸡毛；狮到中年，有的就开始头上掉毛。一个谢顶的狮子头绝对是非洲草原上的艺术精品：有的上面全秃，变成了“平顶山”；有的四周全秃，变成了莫西干；有的上秃下谢，变成了光头强。这样的造型，再配上他们丰富的表情、浮夸的神态，这哪里是什么百兽之王，简直就是一个喜剧之王啊。

雄狮的鬃毛来之不易，2 岁开始生长，4 岁才能长齐。这些鬃毛会随着年龄的增长逐步变黑、变浓密，鬃毛越长，可以打理的发型也就越多：偏分潇洒，中分帅气，白发儒雅，黑发神秘，披着性感，散开霸气，下雨天浪漫，刮风时飘逸。毛发越浓密的雄狮，在雌性眼里越有魅力。如果发型够好看，那么雄狮甚至都不用打猎，安心在家吃软饭。在一个狮群中，母狮子才是捕猎的主力军，公狮子主要巡视领地，保卫家园。毕竟，雄狮顶着这样一个发型，很容易被猎物发现，从而让伏击失败，与其帮倒忙，不如在家好好休息。

但是，不会植发、没有假发的非洲狮，有的也会出于压力过大、打架失败、身体机能下滑等多种原因开始“脱发”。一只秃顶的雄狮，更容易遭受其他雄狮的攻击，也容易被母狮抛弃，因为毛发代表着荷尔蒙和力量，代表着保护家族的能力。当谢顶的雄狮站在山顶，忆当年也曾雄壮威猛、头发稠密，他只能在内心安慰自己：我曾经也帅过，被母狮子们爱过，就算头发都已经掉落，此生也不算白过。

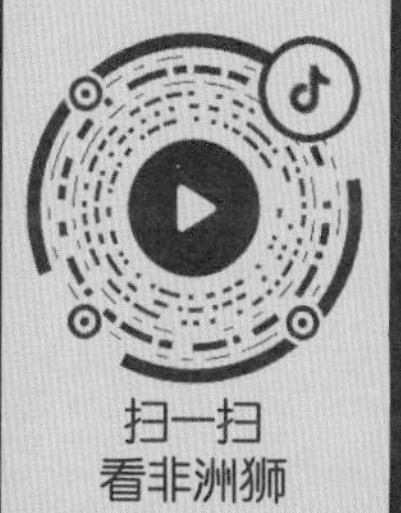

扫一扫
看非洲狮

河马也有瘟疫？

非洲大陆居民卡

African Animal ID Card

河马

Hippopotamus

民族：鲸偶蹄目－河马科－河马属

家庭住址：非洲水草丰富的水域

最爱吃的食物：水生植物

睡觉的地点：水中、泥坑

个人爱好：泡澡

座右铭：我命由我不由天！

AFRICAN ANIMAL ID CARD NO.06

TRIVIA

关于他的冷知识

他会通过“尾巴甩便攻击”宣示领地，方圆几米无一幸免。

他是食草动物，但是偶尔也会开荤吃肉。

他有着能张开近150度的“深渊巨口”，一口可以咬碎大西瓜。

在非洲野外，可千万别被河马盯上！

河马是真正的大佬，啃狮子，揍鳄鱼，战犀牛，咬象腿，一张嘴打遍非洲江湖。不说动物，每年竟有 500 多人死于河马的花式袭击。别看他重达 3 吨，跑起来时速竟达 60 千米，比人类中跑得最快的博尔特快多了，以至于若有人在非洲被河马盯上，那他大概率就得遗憾地和这个世界说声再见了。

然而，健壮的河马群体每隔一段时间，就会暴发一次瘟疫，整条街的河马四脚朝天，180 度角集体仰望乞力马扎罗山，皮肤水肿，皮下青黑，就像被上帝用炭火烧烤过一样，这就是可怕的“河马炭疽热”。

炭疽是一种传染性和杀伤力极强的病菌，其芽孢会潜伏在土壤里长达 200 年，一些食草动物吃草时，一不留神就会感染炭疽。个别食草动物到河边喝水时，就有可能被暴脾气的河马直接拉下水，在痛扁他一顿后饱餐一顿。吃了带炭疽的病肉，河马很快就会换个角度仰望乞力马扎罗山。当他死后，身边的其他河马会来一场“肥肉不流外人田”，然后尸体顺流而下。君住尼罗河头，我住尼罗河尾，日日思君不见君，啃了君的腿。就这样，整条河的河马都被感染，集体仰望乞力马扎罗山。

每年到了旱季，水位下降，炭疽密度增大，河马的炭疽热尤其严重，快乐的肥宅水变成了“杀马特”。因为河马不懂什么叫作隔离，喜欢凑在一起搓泥巴、敷面膜，不仅不戴口罩，还甩动着小尾巴，播撒着爱的便便。河马又开始仰望乞力马扎罗山了。不过，故事并没有结束，生活在附近的人们，会把死去的河马当作神的馈赠，扛回村里改善生活……毕竟，河马曾经咬过他们的爷爷。但是，天上掉下来的馅饼，也许正是病菌给你挖的陷阱。当人们参加篝火晚会的时候，病菌也开始摩拳擦掌，奔向新的宿主。

喜欢聚集的河马，不得不集体仰望乞力马扎罗山！

“长腿欧巴”当了爸

非洲大陆居民卡

African Animal ID Card

大狐猴

Indri Lemurs

民族：灵长目－狐猴科－大狐猴属

家庭住址：马达加斯加岛东海岸

最爱吃的食物：嫩叶、水果

睡觉的地点：树上

个人爱好：唱歌

座右铭：只羡鸳鸯不羡仙！

AFRICAN ANIMAL ID CARD NO.07

TRIVIA 关于他的冷知识

他是地球上嗓门最大的动物之一，你可以在4千米之外听到他唱歌。

他睡觉的姿势很独特：双臂紧抱树干，头夹在两膝之间，尾下垂如钟表发条状。

他们奉行一夫一妻制，只有在配偶去世后才会寻找新的伴侣。

欧巴有两大特长：
1.腿特长！
2.唱歌尾音特长！

大狐猴的腿比身子长，当他坐下来的时候，脑袋能夹在屁股里，下巴能搁在膝盖上，所以外号叫作“长腿欧巴”。欧巴生活在马达加斯加，浓眉大眼红嘴巴，泰迪的发型亮瞎眼。他会轻功树上飘，是行走的表情包，唱歌分贝还特别高，声音能穿透密林，吸引妹子的注意。不过，结婚生子后的他会明白，所谓欧巴，就是老婆吃饭时才会偶尔想起的——孩子他爸。

欧巴在家庭中的地位，用一个字形容就是“差”。老婆孩子没吃饱之前，他只能饿着肚子，如果想偷片叶子吃，那么老婆会立即赏他一个嘴巴。一家人的地位排名是：孩子第一，老婆第二，欧巴只能垫底。实在没的吃，欧巴只能偷偷去吃泥巴，一边吃，一边安慰自己：腿越长，责任越大，谁让自己是孩子他爸。

欧巴一家只能吃少数几种树叶，而且只吃树梢的嫩叶，所以老婆需要每天背着孩子找吃的，完全不会考虑欧巴的意见。欧巴老实跟在后面就行了，他的任务就是充当保镖，看到有人想抢吃的，欧巴就会冲上去打架，直到打得鼻青脸肿。他趴在树上，自己安慰自己——还是那句话，腿越长，责任越大，谁让自己是孩子他爸。

欧巴一家晚上在树上睡觉，老婆带着孩子睡，欧巴自己一个猴孤苦伶仃地住在下一层。万一树下有偷袭者，欧巴就能提前发出警报，让老婆孩子先跑，自己殿后。这样的孩子他爸，陪你逛街，为你打架，从不乱来，还很听话，真是帅到掉渣的长腿欧巴。

豹子好大胆

非洲大陆居民卡

African Animal ID Card

花豹

Leopard

民族：食肉目－猫科－豹属

家庭住址：非洲及亚洲

最爱吃的食物：有蹄类动物

睡觉的地点：树上或岩洞

个人爱好：爬树、暴走

座右铭：饿死胆小的，撑死胆大的！

AFRICAN ANIMAL ID CARD NO.08

TRIVIA 关于他的冷知识

他会不停地在自己的领地内巡视和游荡，就像探险家一样。

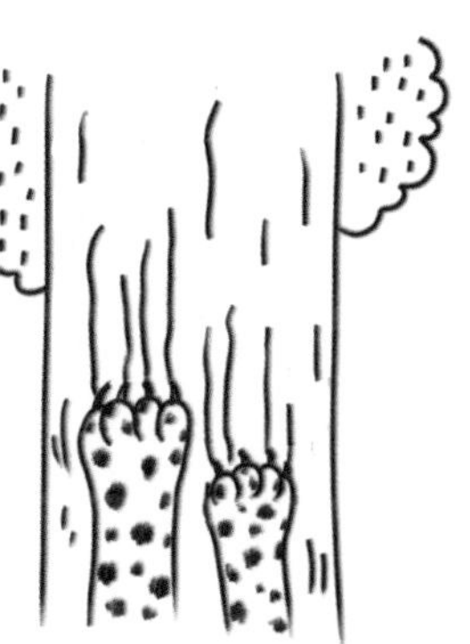

他喜欢用多种方式标明领地，比如喷射尿液、在树皮上留下抓痕或用粪便标记。

他全身布满黑色斑点和环纹，颇似古代的铜钱，故又名金钱豹。

虎口夺食不算什么，鳄口夺鱼才算胆大！

花豹浑身上下都是胆，他们什么都敢吃：天上飞的鸟、地上跑的鹿、水里泡的鳄鱼、地下窜的蟒蛇。普天之下就没有他们不敢惹的。他们打家劫舍，捕杀猎豹，偷袭疣猪，不怕被豪猪刺杀，不怕和鬣狗打群架。有时候他们还敢冒着生命危险，趁鳄鱼睡着了、嘴里还有肉时鳄口夺食，真是“人有多大产，豹有多大胆”。

花豹还是地球上最会爬树的大猫之一，他们爬起树来如履平地，如生双翼，让猴子闻风丧胆，抱头猴窜；他们的弹跳力惊人，无须助跑就能瞬间转移，抓狒狒，捕老鹰，简直就是轻功树上飘，一点儿也不恐高；他们还善于高空伏击，躲在树上，看到猎物接近时，天降奇兵，神出鬼没，让人惊愕。

为了防止被地痞流氓——鬣狗抢走食物，他们扛着猎物如同扛着冰箱彩电洗衣机，一爬就是20层的楼梯（高高的树）。他们的力气惊人，犀牛斑马长颈鹿，好吃的统统搬上树，让那些腿短的鬣狗望肉兴叹，眼巴巴看着花豹干饭。就算遇见了会爬树的老虎和狮子，他们也一点儿不犯怵，反正你比我重，谅你也不敢轻举妄动。狮高一尺，豹高一丈，害得狮子上不能上，下不能下，卡在半路，变成呆瓜。

他们性格倔强，只要东西到了口，绝对不松口，大不了抱着敌人一起从树上“跳楼”。所谓胆小的怕胆大的，胆大的怕不要命的。要占花豹的便宜，你得多吃几个熊心豹子胆。

狐猴的太阳

非洲大陆居民卡

African Animal ID Card

环尾狐猴

Ring-tailed Lemur

民族：灵长目－狐猴科－狐猴属

家庭住址：马达加斯加岛

最爱吃的食物：无花果、香蕉等

睡觉的地点：树上

个人爱好：打坐

座右铭：臭是硬道理！

关于他的冷知识 TRIVIA

他的尾巴上有11～14个黑白相间的圆环，因而得名环尾狐猴。

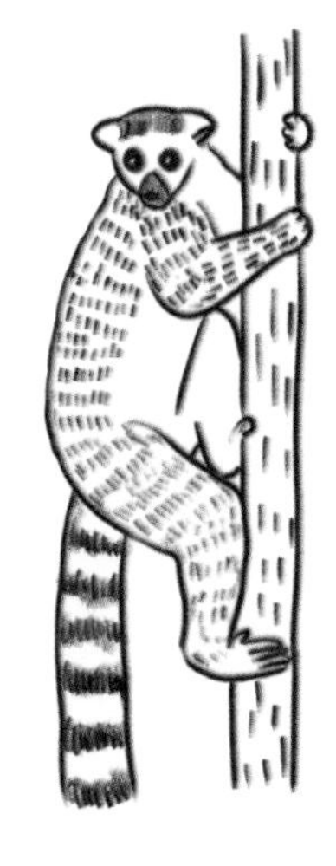

由于前肢短软无力，他下树的时候必须头上脚下倒退着地。

他的牙齿长得像一把梳子，可以用来清洁毛发。

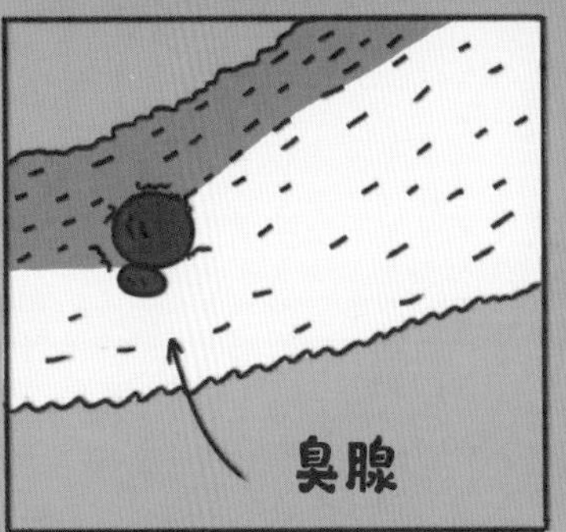

早上起来，拥抱太阳，满满都是正能量！

环尾狐猴号称“太阳的崇拜者”，早上起来的第一件事情就是张开双臂，迎接太阳。他们的腹毛很浅，可以有效地收集太阳的能量，加速身体的血液循环。他们生活在非洲马达加斯加岛的南部，那里夜间潮湿阴冷，为了驱除夜里的寒气，早上的日光浴是必不可少的。为了占据最好的位置，大家会互相争抢，你挡住我，我挡住你，一点儿也不客气。

抢完了座位，他们还会用尾巴展开“臭斗”。雄性狐猴的手腕和腋下长着黑色的臭腺，他们会用自己的大尾巴涂抹臭腺，然后像甩手帕一样甩向对方，意思就是说：我臭，你没有我臭，所以你啥也不是。对男同学如此，对心爱的女同学也是如此，真是一种奇怪的沟通方式。

在发情季节，环尾狐猴还会在树上摩擦，用手腕上的臭腺留下气味，这是他标记领地的一种方式。如果你看到一只公猴抱着一棵树搔首弄姿、表情迷离，他不是在练习跳钢管舞，而是在树上留下自己的领地信息。这时，假如有别的狐猴进入对方的领地，狐猴群体之间就会开始打群架。他们举起长长的尾巴，呼朋唤友，气势汹汹，冲在最前面的一般是团队里的女王，她经常一边抱着孩子喂奶，一边龇牙咧嘴卫国，堪称狐猴家族的“穆桂英”。

环尾狐猴是典型的母系社会，女王在猴群中的地位最高，吃饭时可以最早吃，天冷时被众星捧月般地围在中间，早上晒太阳时绝对会占据“C位”。对环尾狐猴来说，勇敢的女王至高无上，值得拥有最温暖的阳光，其他狐猴团结在女王的身旁，如同行星围绕着太阳。

角马也有“高考”？

非洲大陆居民卡

African Animal ID Card

角马

Gnu

民族：鲸偶蹄目－牛科－角马属

家庭住址：撒哈拉沙漠以南的草原

最爱吃的食物：嫩草、树叶及花蕾

睡觉的地点：灌木丛、林地

个人爱好：集体搬家

座右铭：狭路相逢勇者胜！

TRIVIA 关于他的冷知识

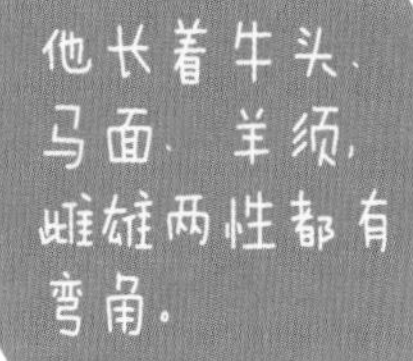

他长着牛头、马面、羊须，雌雄两性都有弯角。

他十分挑食，对鲜美多汁的嫩草情有独钟。

角马在迁徙过程中会四处散播粪便，这是一次大规模的给草原施肥的过程。

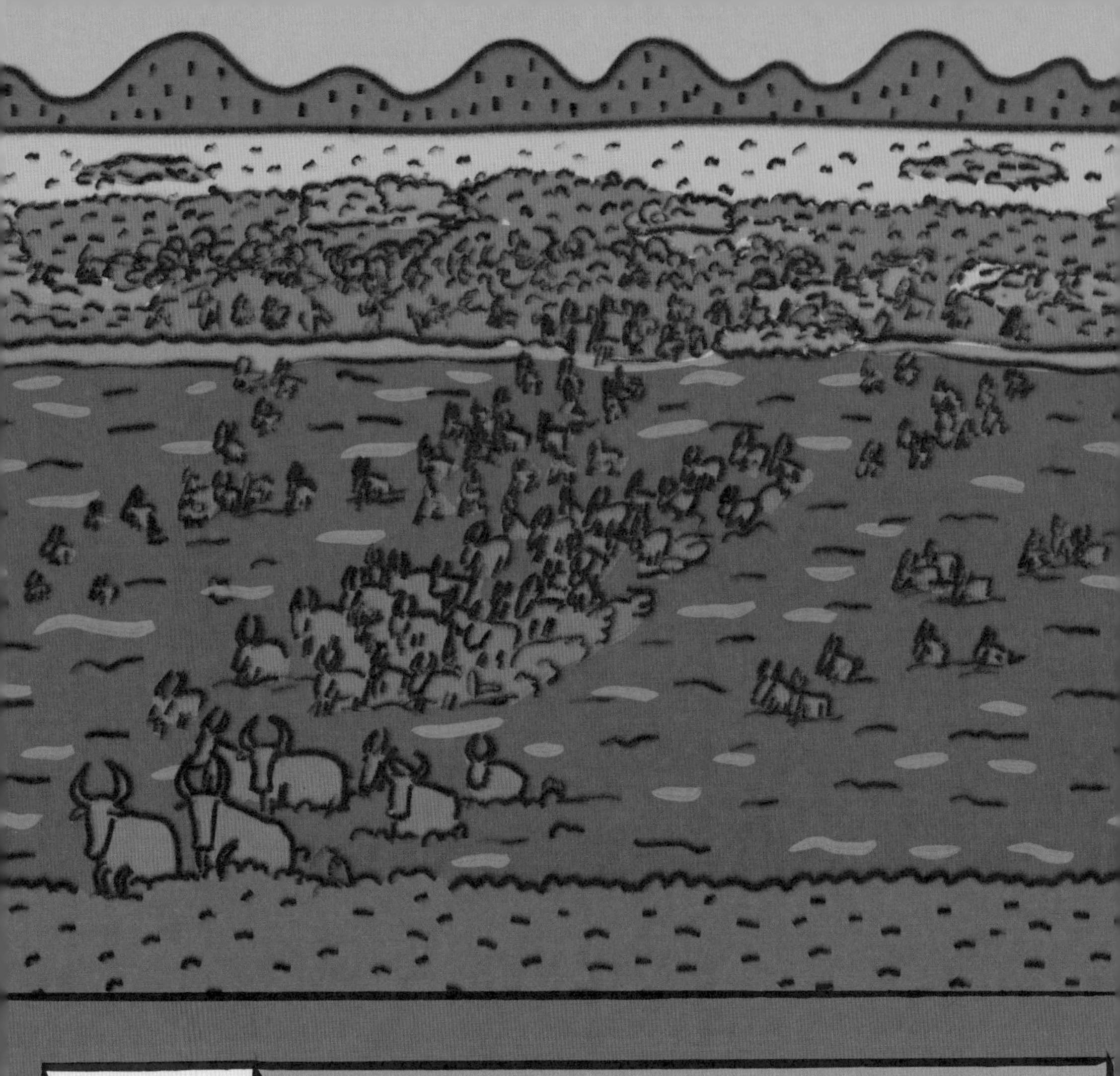

千军万马横渡马拉河，是动物世界的一场大考！

每年 6 ~ 9 月，100 多万只角马即将迎来生命中最重要的一次考试——千军万马横渡马拉河。马拉河位于坦桑尼亚和肯尼亚的交界处，被称为“非洲血河”，因为要想渡过这条河，需要付出血的代价，生死就在一线之间。这次考试也被称为“天堂之渡”：过去了就是天堂，没过去就是地狱。

能站在河边的，都是历经艰难险阻的幸存者。非洲热带草原的气候分为干湿两季，当雨季来临，为了追随雨水，角马每年都会沿着固定的迁徙走廊，按照顺时针方向集体移动。他们躲过了狮子的偷袭，逃出了鬣狗的围捕，纵横跋涉约 1800 千米，就像一台移动割草机横扫塞伦盖蒂草原，但是眼前才是决定生死的一局。一条大河波浪宽，千军万马要抢滩；河水深河堤峭，一脚失蹄就“挂掉”。最可怕的是那些饿了一年的尼罗河鳄，一个个瞪大眼睛准备扑上来，他们那 360 度的死亡旋转，以及一口下去就咬出 60 多个血窟窿的大嘴，实在可怕啊！但是角马不敢停下脚步，他们依然拥挤着冲进河里，从陡峭的河岸跃入激流。这是因为过了河就能啃到对岸的鲜草，究竟是春风得意马蹄疾，还是马革裹尸沉河底，全在于“高考”的结果。

与角马同行的，还有约 40 万只斑马、50 万只瞪羚，这些动物组成了一支浩浩荡荡的队伍，他们的迁徙号称“非洲七大自然奇迹”之一。他们不畏艰辛，年年如此，追逐着阳光、雨水和青草。虽然很多角马沉入河底，但是更多的角马得以成功登陆，完成了一个又一个生命周期，这就是大自然生生不息的最好写照。

扫一扫
看角马

鸟中“二哈”为什么这么呆？

非洲大陆居民卡

African Animal ID Card

鲸头鹳

Shoebill

民族：鹈形目－鲸头鹳科－鲸头鹳属

家庭住址：非洲中部沼泽

最爱吃的食物：肺鱼类、鳄鱼幼崽

睡觉的地点：芦苇丛、草丛

个人爱好：涮火锅

座右铭：见人就鞠躬，礼多人不怪。

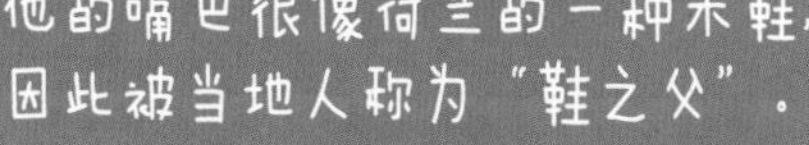

他的嘴巴很像荷兰的一种木鞋，因此被当地人称为“鞋之父”。

他体形高大，高可达1.5米，有三年级小学生那么高。

他是现存头最大的鸟，因为呆萌的外表，被称为“鸟中哈士奇”。

TRIVIA 关于他的冷知识

下雨了吗？没关系，此刻正适合发呆！

这只长得像“可达鸭”一样的家伙叫作鲸头鹳(guàn)，他又萌又呆，头上顶着一小撮毛。他长着一张像鞋拔子一样的脸，嘴尤其大，打哈欠时都能看到他的脊椎，不知道的，还以为他在卤“周黑鸭”呢。

鲸头鹳最喜欢干的事情就是发呆：下雨天，他不知道躲雨，发呆；拔了自己的毛，掉在地上，发呆；吃错了东西，吐了出来，还是发呆；有时候呆过头，就会一脑袋栽进水里，真是急死个人呢。一般的鱼他是不吃的，就算饿死也不吃，因为他的这张嘴是专门为了肺鱼、小鳄鱼这种大家伙而生的。你看他嘴角弯钩，两侧锋利，能直接把肺鱼从地里挖出来。他们抓鱼时也爱发呆，连续几个小时盯着水面一动不动，然后突然“砸”进水里，衔起一根木头，这个战术，叫作“守株待木”。

有人说，鲸头鹳是鸟中的哈士奇，这个比喻有点儿意思。非洲天气热，鲸头鹳妈妈会用大嘴舀上水，带回家给孩子们冲冷水澡。不过，她还没上路，水就先洒掉一大半，路上又不小心喝了一小半，等回到家，她会看着孩子们掐架，打赢的那只才有水喝，打输的就得渴死，看着真让人着急啊。

虽然有点儿呆，但鲸头鹳还是很有礼貌的，你朝他鞠躬，他给你回礼，一直鞠躬到你腰间盘突出为止。这么可爱的生物，因为栖息地被破坏，现在居然成了濒危物种，全世界仅存 5000 多只，你说着急不着急？

光明磊落平头哥

非洲大陆居民卡

African Animal ID Card

蜜獾

Honey badger

民族：食肉目-鼬科-蜜獾属

家庭住址：非洲、西亚、南亚

最爱吃的食物：蜂蜜、小型啮齿动物、鸟类等

睡觉的地点：洞里或岩石缝里

个人爱好：掏蜂窝

座右铭：生死看淡，不服就干！

AFRICAN ANIMAL ID CARD NO.12

TRIVIA 关于他的冷知识

他擅长打洞，目的是掘出地下的昆虫、老鼠等食物。

他敢于挑战任何动物，江湖人称“平头哥”，被吉尼斯世界纪录评为“世界上最无所畏惧的动物”。

他对蛇毒有很强的抵抗力，即使被毒蛇咬了，昏迷两小时之后就能清醒过来。

非洲乱不乱，还得我平头哥说了算！

“平头哥”蜜獾是非洲第一硬骨头，别看他长得像个面瘫，个头还没一条狗大，但每次都是单枪匹马，银发披风，铁骨铮铮，敢于直面惨淡的人生，敢于正视淋漓的狗血。獾生格言：打架不要告诉我对方多少人，我只要时间和地点。

他勇于挑战个头比他大的角色，泰山压顶也能面不改色。与狮子斗其乐无穷，与鬣狗斗其乐无穷，与一群野狗斗更是其乐无穷。在非洲，得罪谁也别得罪平头哥。要是动物园里的狮子瞪了他一眼，他能连夜打地洞过去找对方单挑；假如你不小心踢了他一脚，他可以追着你到天涯海角，就算掘地三尺，上天入地，也要把你干趴在地；当狮子以为自己咬住了他的命门时，平头哥突然一个回手掏，在狮子脸上留下深深的疤痕。所谓“生死看淡，不服就干”，看你下次还敢不敢再犯！

平头哥对别人狠，对自己更狠。为了吃蜂蜜，他经常被蜜蜂叮得满头包；为了和豪猪打架，被扎成“生日蛋糕”；为了吃到蛇肉，经常被毒得当场晕倒，不过睡一觉爬起来接着啃“辣条”。他才不关心你有没有毒、带不带刺，硬壳的乌龟、披甲的鳄鱼、石头一样的鸵鸟蛋、躲进刺丛里的老鼠都是一道口粮，“贝爷”在他面前都不敢太狂妄。

平头哥虽然爱打架，但是光明磊落，绝不为虎作伥，也不搞背后偷袭。在非洲大地，鬣狗掏肛，狮子开膛，毒蛇嚣张，遍地流氓。世态炎凉，必须坚强，哪里有什么岁月静好、现世安详？就算平头哥战死沙场，他依然趾高气扬：这辈子没打够，下辈子打到你哭爹喊娘。

跳高冠军狞猫

非洲大陆居民卡

African Animal ID Card

狞猫

Caracal cat

民族：食肉目－猫科－狞猫属

家庭住址：非洲、西亚、南亚西北部等

最爱吃的食物：鸟类、野兔等

睡觉的地点：地洞、岩洞和灌木丛

个人爱好：跳高

座右铭：一猫闯天下！

AFRICAN ANIMAL ID CARD NO.13

关于他的冷知识 TRIVIA

他的空中特技非同寻常，能够抓住飞行的小鸟。

他可以长时间不喝水，仅靠猎物体内的水来满足需求。

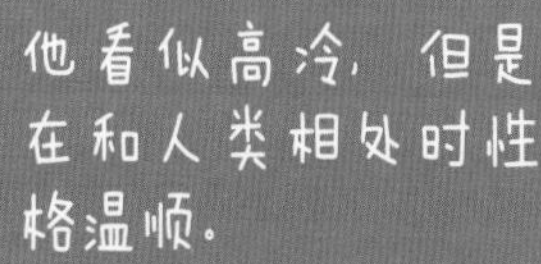

他看似高冷，但是在和人类相处时性格温顺。

没有一只带翅膀的动物可以活着飞出我的手心！

狞猫是猫科动物中的跳高冠军，他们的个头只有家猫的 2 倍大，却能创造 3 米的立定跳高世界纪录。他们无须助跑，轻松一跃就能盖帽儿。他们拥有大长腿小蛮腰，是非洲鸟儿们的第一扫帚星，只要被狞猫看上，没有一只带翅膀的动物可以活着飞过乞力马扎罗的雪山。他们可以空中 180 度扭腰，脚掌上还有厚厚的硬毛，所以无论多高都可以安全软着陆。可能是由于吃了太多的鸟，他们叫起来也是“鸟里鸟气”的，正所谓：狞猫一跳，百鸟不叫；狞猫一叫，鸟都想笑。

扫一扫
看狞猫

狞猫还是猫科动物中的搞怪达人。他们长着长长尖尖的“黑背”耳朵，耳朵尖端还有像天山童姥一样的双马尾辫，两只耳朵可以独立操控，无论是二人转还是水蛇腰，扭起来都特别流畅风骚。这样的耳朵让狞猫拥有灵敏的听觉，哪怕家里飞过了一只苍蝇，也休想逃过狞猫的耳朵。但是狞猫天生神经过敏，看到自己的影子也会被吓得不轻。他们还经常会被气球爆炸搞蒙圈，看来动物界的“跳高冠军”平时也是呆呆傻傻、可爱无敌。

狞猫一胎生 1 ~ 3 个小崽，小狞猫出生后耳朵是趴着的，等到 3 个月大的时候小耳朵才能竖起来。等年纪大了，他们的耳朵毛又会萎靡不振，所以从耳朵的状态就可以判断一只狞猫的年纪。他们一辈子都在严肃和搞笑之间自由切换，前一秒霸气十足，后一秒萌到想哭。狞猫就是这样的潇洒猫：既能装酷，又能逗乐你；既能抓鸟，又能抓鸡；既能翱翔天际，又能接上地气。真是多才多艺、所向披靡！

在严肃和可爱之间自由切换的“跳高冠军”。

穿毛裤的女王

非洲大陆居民卡

African Animal ID Card

蛇鹫

Secretarybird

民族：鹰形目-蛇鹫科-蛇鹫属

家庭住址：撒哈拉沙漠以南地区

最爱吃的食物：蛇类

睡觉的地点：树上的巢里

个人爱好：暴走、跳舞

座右铭：经常会忘了自己是一只鸟。

TRIVIA 关于他的冷知识

鸟如其名，他练就一身"鹰爪功"，是非洲一切蛇类的天敌。

他头上靓丽的冠羽，像极了中世纪时将羽毛笔插在耳上的执政官秘书，故又被称为"秘书鸟"。

他凭借惊人的"毛裤大长腿"，一天能走二三十千米，因此被誉为"行军鹰"。

身穿五分毛裤，漫步非洲大陆。

这个穿着一条五分性感毛裤的女王就是蛇鹫：她长着老鹰的翅膀、老鹰的嘴，却有着仙鹤一般的大长腿；她妆容精致、美若天仙，却自甘堕落坠入凡间，大部分时间都在非洲草原上巡视自己的领地；她如同女王一般趾高气扬，任何企图靠近的“舔狗”都会遭受羞辱和驱逐；她玉树临风、走位风骚，堪称草原上的一代天骄，欲与长颈鹿试比高。

蛇鹫不仅是非洲本土的首席超模，而且是草原上无腿一族（蛇类）的头号克星，其小腿和爪子上布满了坚硬的鳞片。每当遇见毒蛇，她们就会飞奔过去，以 15 毫秒完成一次攻击的速度啪啪打对方的脸，其攻击力可以达自身体重的 5 倍，堪称暗香销魂铁甲无敌爪。她们胆大心细、眼疾手快，以防被对方毒液所伤，这才是女王真正让人畏惧的地方：高跟鞋一蹬，龙王太子升空；大长腿一踩，地痞流氓全栽。

女王的寝宫一般建在高高的合欢树上，这种树的树尖长满了利刺，可以防止狒狒偷走自己的王子、公主。女王和亲王一起抚养两三个孩子，他们可以反刍食物和水，还会跪下来陪孩子入睡。每当孩子问道："为什么别的鸟妈妈可以当空姐，而你却只能当地勤呢？"蛇鹫女王就会回答："傻孩子，长大了你就会明白，不是我不能飞，而是地上有享不尽的荣华富贵，不仅仰慕者一大堆，还有数不清的辣条美味！"

蹄兔的公共厕所

非洲大陆居民卡

African Animal ID Card

蹄兔

Rock hyrax

民族：蹄兔目－蹄兔科－蹄兔属

家庭住址：撒哈拉以南的非洲、中东地区

最爱吃的食物：草和树叶等

睡觉的地点：岩石上

个人爱好：集体如厕

座右铭：爱护自己的脸面，不要随地大小便！

他有一对突出的、长而尖的、象牙状的上门牙，是大象的远亲。

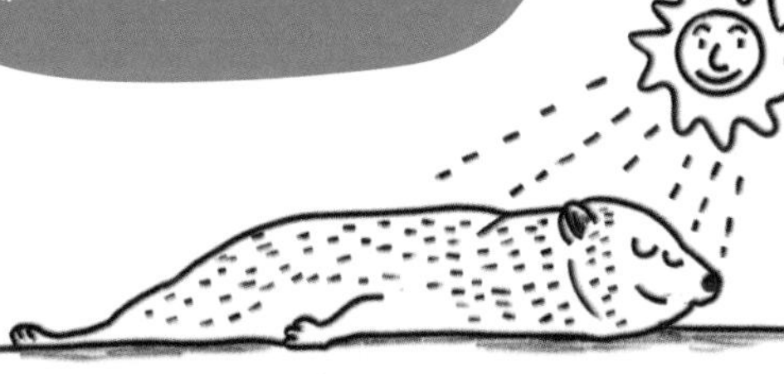

他是最懒的动物之一，95%的时间都用来休息、晒太阳。

他的粪便是一种昂贵的香水的原料。

蹄兔是大象的“小表弟”，他们起源于共同的祖先——特提斯兽类。

这个长着小虎牙、一脸胡子拉碴的家伙就是蹄兔。约6000万年前，他们和大象是一家亲；但是时过境迁，大象称霸陆地，他们却只能隐居在悬崖峭壁。虽然穷困潦倒、家徒四壁，他们却是少数拥有公共厕所的动物。他们的祖祖辈辈都会在同一个地方上厕所，秉承“向前一小步，文明一大步”的祖训，一边欣赏海景，一边排队“撅屁”，让自己的便便和爷爷的爷爷的爷爷的便便紧密地凝聚在一起。这些便便层峦叠嶂，时间跨度长达几万年，有的成了研究非洲气候和植被的珍贵“屎料”。正所谓“拉屎也是拉史”，积少成多也能创造奇迹。

然而，悬崖之下的企鹅对这种行径非常不屑，因为企鹅是“直肠子”，肚子里藏不住东西，从来都是天大地大，“乱涂乱画”；红翅椋鸟更是当面破口大骂，在他们的眼里，蹄兔好吃懒做，连个窝都没有，上个厕所却煞有介事，还用沙子擦屁股，简直就是绵羊放了个山羊屁——洋气又骚气。蹄兔自然懒得和他们解释，而是凑在岩石上晒太阳。

另外一些动物却对蹄兔公共厕所表示欢迎，因为堆积的粪肥可以吸引大量的昆虫，很多食虫动物就把这里当成免费酒吧，没事就过来小酌怡情。你的五星级厕所，恰是我的五星级餐厅。有的蜥蜴甚至变成了“粪霸”，为了争夺吧台卡座大打出手。对于争先恐后“粪”不顾身的行为，蹄兔不以为然。在他们眼中，天地万物，循环往复，香的可以变成臭的，臭的也可以变成香的。与其你争我抢，殚精竭虑，不如吃完就睡，物我两忘，老僧入定。

鸵鸟的求婚舞蹈

非洲大陆居民卡

African Animal ID Card

非洲鸵鸟

Common ostrich

民族：鸵鸟目－鸵鸟科－鸵鸟属

家庭住址：非洲沙漠、草原

最爱吃的食物：植物的茎、叶、果实等

睡觉的地点：沙坑

个人爱好：单人舞

座右铭：我要飞得更高！

TRIVIA 关于他的冷知识

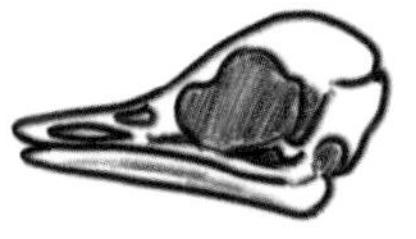

他有陆地生物中最大的眼球，比自己的大脑还大，可以看清3～5千米远的东西。

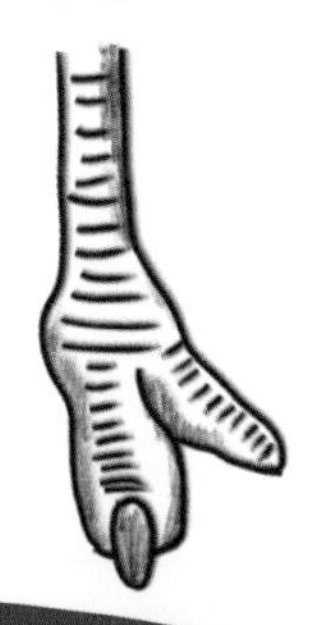

他是世界上现存最大的鸟类，也是唯一有两个脚趾的鸟类。

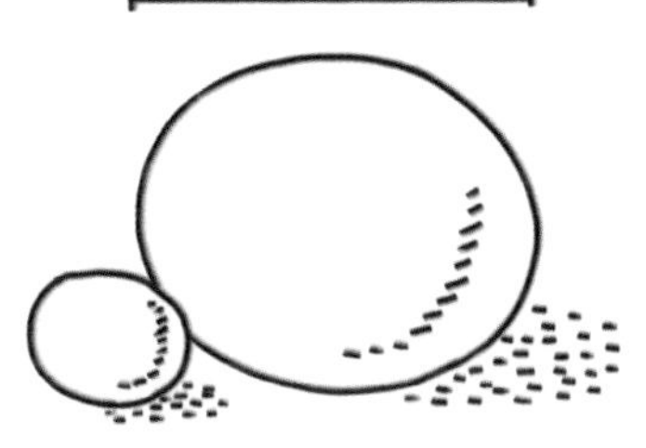

他拥有世界上最大的鸟蛋，可达15厘米长、1.4千克重。

鸵鸟先生，请开始您风骚的表演吧！

看起来呆头呆脑的非洲鸵鸟，求婚却是认真得不得了。雄性鸵鸟遇见心仪的对象，就会双膝跪地，张开翅膀，脑袋左右摇晃，仿佛在向女方表白：我要为你一生倾倒，我要为你跳到天荒地老。有时候，他们嘴里还叼着一根草，其功能类似于人类的结婚戒指——定情信物。跪着跳完还不够，他们有时会张开一边的翅膀，围着雌鸟疯狂转圈，这难道就是传说中的“爱的魔力转圈圈”吗？

除了会跳舞蹈，雄性鸵鸟还是情歌王子。为了吸引异性的注意，他们鼓起喉咙，发出的声音就像肚子吃多了在发胀，摩托车加油要赶趟，这种低音炮可以在草原上传递几千米。由于鸵鸟的耳孔很大，上面没有覆盖羽毛，雌性鸵鸟可以听到来自远方的爱的召唤，然后屁颠屁颠地前来观看表演。只有那些羽毛漂亮、声音洪亮、舞姿倔强的优质雄性鸵鸟，才有可能获得妹子的青睐。

非洲鸵鸟属于一夫多妻制，一只雄性鸵鸟可以拥有好几个老婆。每次遇见心仪的异性，他们都会表演同样的舞蹈，难怪他们从小就要学习舞蹈技能，随时随地准备表演一段，毕竟可以一招吃遍天下鸟。有趣的是，有些鸵鸟还会对人类跳舞，不知道是把人类当作观众进行彩排，还是真的被这种“两脚怪”给迷倒了。

鸵鸟小姐被鸵鸟先生的舞蹈折服，这是一段爱情故事的开始。

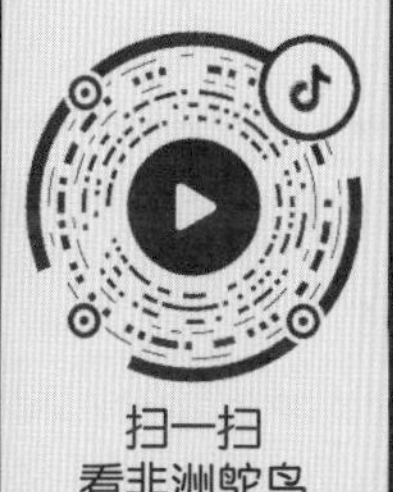

扫一扫
看非洲鸵鸟

给倭河马洗澡

非洲大陆居民卡

African Animal ID Card

倭河马

Pygmy hippopotamus

民族：鲸偶蹄目－河马科－倭河马属

家庭住址：非洲西部热带雨林

最爱吃的食物：陆生和半水生植物

睡觉的地点：水中、树荫下

个人爱好：泡澡

座右铭：安安静静泡个澡，

舒服一秒又一秒。

关于他的冷知识

TRIVIA

他是世界上最小的河马，体重只有普通河马的四分之一。

刚出生的倭河马宝宝只有5千克左右，需要喂奶6～8个月。

他性情温和，主要在晚上出来觅食，遇到危险时会躲进水里。

欢迎来到倭河马澡堂，搓完包您油光锃亮！

倭（wō）河马是世界上最小的河马。他小时候皮肤如婴儿一般吹弹可破、滑嫩细腻，给他洗澡千万不可以太用力，否则搓掉了河马皮，容易把他搓成小猪佩奇。他光彩照人的肤色来源于皮肤分泌的河马汗酸，这种汗酸可以防晒，且质地油腻，不容易被水冲洗掉。洗完澡的倭河马就像刚刚从大庆油田打捞出来一样，散发着高档皮鞋的光芒，所以好底子还需要好保养，要想皮肤好，每天都要洗澡。

洗完澡的倭河马心情似乎特别舒畅，他们喜欢趴在岸边给你吐舌头卖萌，或者突然“清水出芙蓉”，给你来个意外惊喜。他们一看见澡盆子就开心得不得了，四脚乱蹬，活蹦乱跳，把浴缸当作游泳池，把水洒得到处都是。他洗完澡还要请饲养员来个舌部按摩，饿了就点个外卖在水面吃草，张开大嘴乱啃乱咬。真是该吃吃该喝喝，有事不往心里搁，洗洗澡看看表，舒服一秒是一秒。

倭河马妈妈特别疼爱孩子，经常会带着小倭河马去公共澡堂子（池塘）里面洗澡，这里空间更大、水更多、人更少，大人孩子一起泡澡，亲子关系融洽得不得了。在妈妈的眼里，只有干干净净的河马才是自己的宝，有些小河马不愿意在家里洗澡，结果就是被妈妈追着屁股后面跑。其实，他们不是不愿意洗澡，而是家里的浴缸实在太小，两个人挤在一起实在受不了啊！

火烈鸟如何喂奶？

非洲大陆居民卡

African Animal ID Card

火烈鸟

Flamingo

民族：红鹳目－红鹳科－红鹳属

家庭住址：非洲、印度、中东、南欧等

最爱吃的食物：藻类、原生动物、小蠕虫、昆虫幼虫

睡觉的地点：单腿站立在浅水中

个人爱好：跳广场舞

座右铭：红色是最美的颜色。

他的个头很高，最大的雄性火烈鸟高达187厘米。

据报道，全球年龄最大的火烈鸟活了83岁，于2014年辞世。

他喜欢社交，经常成群结队地旅行，数量多达几千只。

TRIVIA 关于他的冷知识

吃饭样子很别致，就是有点儿费脖子！

火烈鸟是当之无愧的“长腿贵妇”，他步调优雅，气质非凡，舞姿狂野，用餐时更是别具情调——先把长脖子倒插在水底，鼻子先着陆，注射器似的舌头快速抽水，像筛子一样过滤出细小的藻类和卤虫。和人类相反，他是下巴固定，上颌运动，加上因为鸟喙变形，他形成了一个独特的高鼻子。

这个高鼻子还是奶孩子的神器。虽然是鸟类，但是火烈鸟也会产奶。在繁殖季节，宝宝的叫声会刺激成鸟的喉咙分泌催乳素，让嗉囊分泌出一种红色的乳汁，然后宝宝就可以从妈妈的“高鼻子”里吸取乳液了。不仅妈妈可以产乳，爸爸也不例外。有时候，奶爸还会把奶吐到妈妈头上，鲜红的乳汁流过妈妈的头部和鼻子，最后导流到孩子的嘴里。这种喂奶的姿势看起来有点儿奇怪，却是爸爸妈妈在齐心协力喂养宝宝，可以说“夫妻同心，呕心沥奶”。

为什么火烈鸟的奶是红色的呢？因为火烈鸟的食物——各种藻类、卤虫和虾蟹——中富含虾青素。我们都知道，煮熟的虾蟹壳看起来是红色的，是因为高温让蛋白质流失，使得虾青素露出了本来的颜色。火烈鸟宝宝小时候的羽毛是白色的，由于他不停地吃虾青素，身上的羽毛会慢慢变成漂亮的红色，长大了就可以和爸爸妈妈一样，变成一个有着高高鼻梁的“长腿贵妇”啦！

可爱的婴猴

非洲大陆居民卡

African Animal ID Card

婴猴

Galago

民族：灵长目－婴猴科－婴猴属

家庭住址：非洲南部热带雨林、稀树草原和灌丛草地

最爱吃的食物：昆虫及其他小动物、水果和树汁

睡觉的地点：树枝上或树洞中

个人爱好：三级跳

座右铭：我是夜猫子。

他可以把大耳朵折起来，这样跳跃时就不会被树枝刮伤。

他的颈部非常灵活，能向后回转180度，可谓猴子界的“猫头鹰”。

他有一双巨大的眼睛，可以帮助他晚上觅食。

TRIVIA 关于他的冷知识

月亮不睡我不睡，我是熬夜的小宝贝！

婴猴是一种非常原始的灵长类动物，为了避免和其他猴子竞争食物，晚上才出来活动。他们拥有一双如婴儿一样忽闪忽闪的大眼睛，可以帮助他们在月光下寻找食物，脑袋上还顶着一对“扑棱蛾子”般的招风耳，听力也是非常不错的。非洲土著为了让小孩晚上别出去乱跑，就说婴猴的眼睛具有催眠的作用，可以绑架小孩，这其实都是骗小孩的。

别看他们个头小，但是弹跳力那是不得了。平时蹲着看不出来，站起来就顶天立地，变成长腿小宝贝。他们的大腿健硕，弹力惊人，堪称猴子中的跨栏高手，一跳就是两米多远、一米多高，比袋鼠还能蹦，比青蛙还能跳。他们长长的尾巴可以控制平衡，防止跑偏方向，无论是高高的大树，还是低矮的灌木，他们都可以轻松出入，简直就是猴子练成了少林轻功。

婴猴主要分布在非洲南部的树林里，他们扁平的手指头可以抓住树枝。他们四处寻找昆虫和各种植物，一晚上可以跳跃 100 多棵树。为了防止迷路，他们会把自己的尿液涂抹在脚掌上，这样一路上就可以留下自己的味道。晚上踩着尿液出发，早上闻着臊味回家，这样的操作，真让人惊掉下巴。

非洲大高个为什么尴尬？

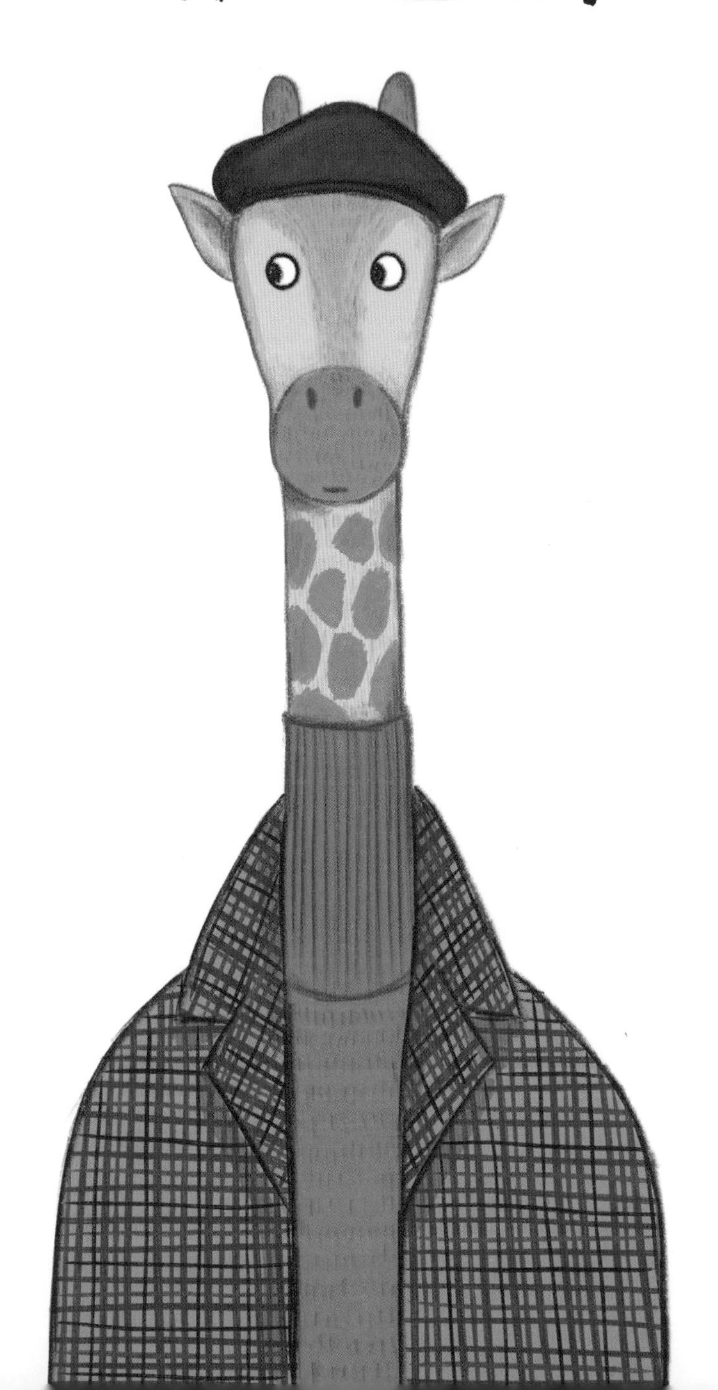

非洲大陆居民卡

African Animal ID Card

长颈鹿

Giraffe

民族：鲸偶蹄目－长颈鹿科－长颈鹿属

家庭住址：非洲热带、亚热带稀树草原、灌丛等

最爱吃的食物：金合欢树叶

睡觉的地点：在地上站着睡（野外）

个人爱好：自由“脖”击

座右铭：高处不胜寒，高处也尴尬。

TRIVIA 关于他的冷知识

他会甩动长长的脖子打架，如同天马流星锤，冲击力超过200千克，击打的声音在1千米外都能听见。

和人类的指纹一样，每一只长颈鹿身上的斑纹都是独一无二的。

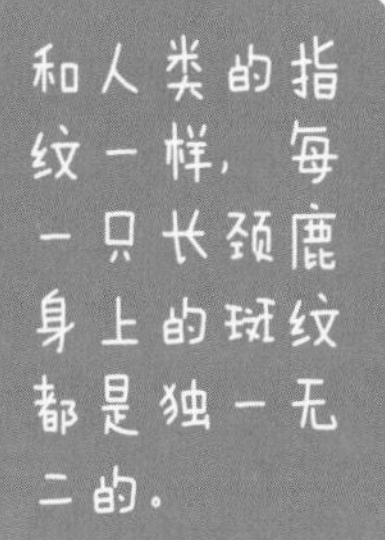

他的舌头是深蓝色的，可以在他们伸出舌头取食树叶时避免晒伤。

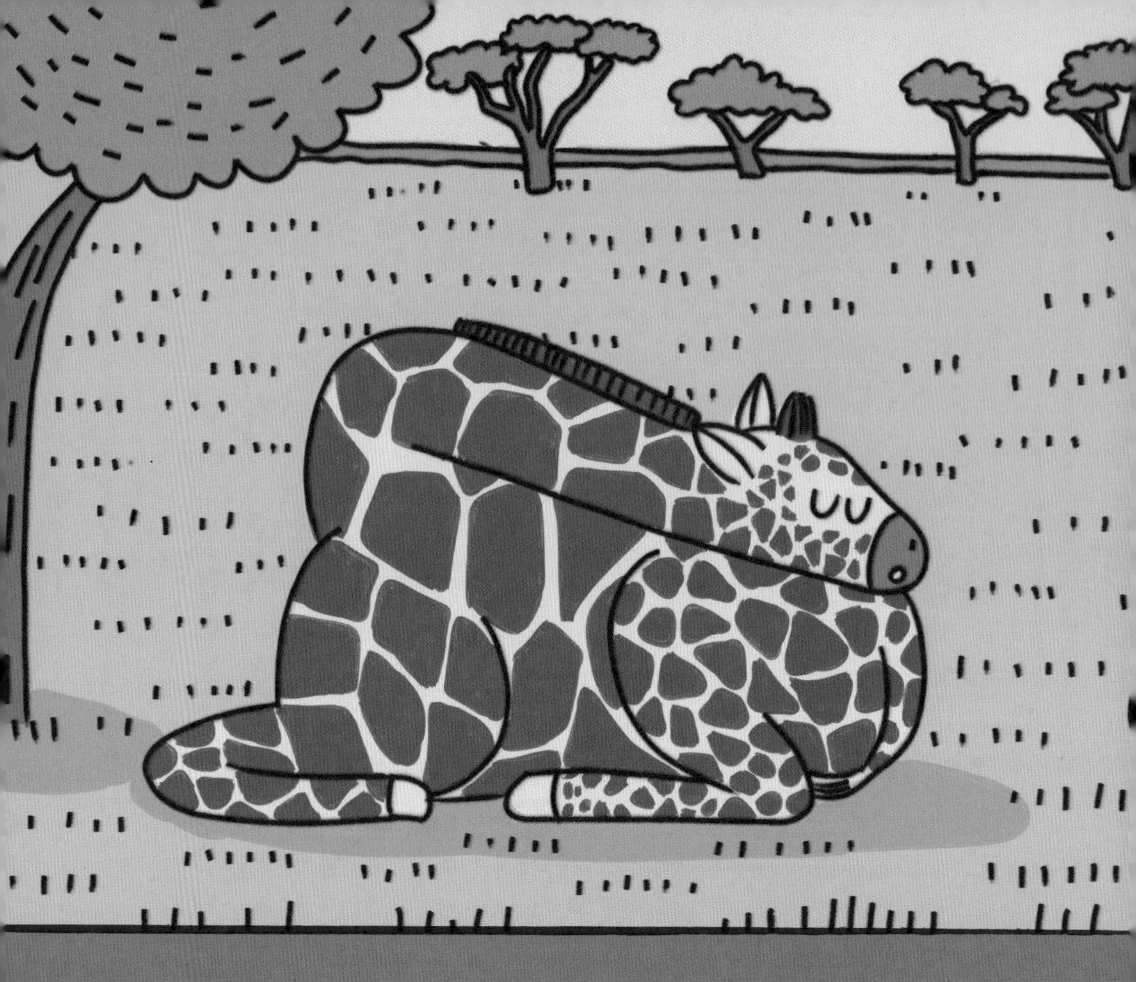

野外的长颈鹿不敢躺下睡觉，因为害怕被狮子咬到。

作为陆地上最高的哺乳动物，平均 6 米高的个头让长颈鹿“鹤立鸡群”，气质优雅。他们伸长舌头就能吃到最高的树叶，抖抖身体，就能像甩虱子一样甩掉身上的狮子。但是，个子高有时候也很尴尬。首先，睡觉不方便，他先要完成屈膝、坐下、卧倒等一系列复杂动作，好不容易躺下，脖子又太长，只能像便便一样蜷在屁股上，特别容易落枕。其次，因为怕狮子偷袭，野外的长颈鹿只能撑着脖子站着睡，而且一次不超过 5 分钟；靠在树上睡又容易卡着脖子，动物园里经常发生长颈鹿脖子被树卡住的事故。

小楼昨夜听春雨，明朝自挂东南枝。垂死病中惊坐起，还是自挂东南枝。你说尴尬不尴尬？

为了给 3 米长的脖子输血，长颈鹿的心脏重达 11 千克，血压是人类的 3 倍。他低头喝水时容易头晕，一不小心就劈叉；生孩子时，宝宝直接从 1.5 米的高空坠落，万一脖子撞歪了，长大就会变成一只折叠的长颈鹿。你说尴尬不尴尬？

连谈恋爱也受身高影响。一般动物都是通过嗅闻地上的尿液，来分析对象的个人信息，尿液就是他们的朋友圈。可是长颈鹿个子太高，弯不下腰，只能空中接住尿液，含在嘴里，如人饮水，冷暖自知。谈个恋爱还要卧薪尝胆，这尴尬，你品，你细品！

后记

我小的时候就喜欢在纸上画各种动物，每个动物角色都有自己的职业和喜好，我还为他们设计了非常酷的服装和配饰。当我画画时，我想象着，他们在那个世界度过了怎样精彩的一天。他们如同朋友一般，陪伴了我的童年时光。现在的我已经忘了那些幼稚笔触下的角色长什么样子，但依旧觉得他们也许还生活在我的内心深处。

当嗑叔找到我，我们一起讨论这个动物科普书的构想时，我感觉到这将会是一个非常棒的事情。在嗑叔的文字里，我看到了各色各样的他们。他们有的看起来不太好惹，有的充满幽默感，有的拥有一身才华，有的还爱“喝酒”。

这套书好像是一座城市，里面住着很多动物居民，他们穿着考究，有自己独特的性格和技能，每个动物都有自己的故事。想象自己也在这些故事里，用自己的眼睛观察这个世界，他们可能是你，是我，是我们周围的了不起的朋友。

如意